BEI GRIN MACHT SICH IHR WISSEN BEZAHLT

- Wir veröffentlichen Ihre Hausarbeit,
  Bachelor- und Masterarbeit

- Ihr eigenes eBook und Buch -
  weltweit in allen wichtigen Shops

- Verdienen Sie an jedem Verkauf

Jetzt bei www.GRIN.com hochladen
und kostenlos publizieren

Impressum:

Copyright © 2014 GRIN Verlag, Open Publishing GmbH
Druck und Bindung: Books on Demand GmbH, Norderstedt Germany
ISBN: 9783668390614

Dieses Buch bei GRIN:

http://www.grin.com/de/e-book/345289/funktion-der-schilddruese-ueber-und-
unterfunktion

Sevim Toker

Funktion der Schilddrüse. Über- und Unterfunktion

Ablauf, Ursachen und Symptome der Erkrankung

GRIN Verlag

Inhalt

1. Einleitung

<u>1.1 Hinführung zum Thema</u>

Der Mensch besteht auf seiner Mikroebene aus vielen verschiedenen, zusammenhängenden Funktionssystemen, die bei einem gesunden Menschen naturgegeben in einem perfekten Zusammenspiel, in einem perfekten Gleichgewicht, auf der Makroebene, die perfekte Gesamtheit bilden: den menschlichen Organismus.

Wenn unser menschliches Dasein auf einer derartig empfindlichen Waage im Gleichgewicht gehalten wird, ist es offenkundig, welche Konsequenzen eine minimale Schwankung aus dieser Balance für uns haben kann.

Das Hormonsystem, das im Regelkreis funktioniert, ist eines der Funktionssysteme, dem im menschlichen Körper bei der Aufrechterhaltung dieses Gleichgewichts eine enorme Bedeutung zukommt. Dieses System erfüllt nämlich viele verschiedene Funktionen. Auf der einen Seite reguliert es den Stoffwechsel und steuert den Energieverbrauch des Körpers. Auf der anderen Seite beeinflusst es ein weiteres wichtiges Funktionssystem, das sogenannte zentrale Nervensystem und ebenso auch die Körpertemperatur. Außerdem reguliert es den Kalziumhaushalt im Körper. Kurzum das Hormonsystem, das unter anderem überwiegend von der Schilddrüse reguliert wird, leistet vielfältige essenzielle Aufgaben.

Da das Hormonsystem, genauer die Schilddrüse, eine derartig wichtige Rolle für den menschlichen Organismus darstellt, widmet sich die vorliegende Arbeit der Fragestellung, welche Auswirkungen eine Über- bzw. Unterfunktion der Hormonregulator „Schilddrüse" auf das Gesamtgleichgewicht des menschlichen Körpers hat.

<u>1.2 Darstellung des Themas und der Zielvorstellung</u>

Um verstehen zu können, wie das Hormonsystem von der Schilddrüse reguliert wird, erscheint es sinnvoll, zunächst den Aufbau der Schilddrüse und Hormone im Allgemeinen zu definieren, um darauf aufbauend die Schilddrüsenüber- und Unterfunktion in ihrem Ablauf, ihre Auswirkungen, Ursachen und Diagnoseformen näher zu erläutern.

2. Hauptteil

2.1 Lage und Aufbau der Schilddrüse

Die Schilddrüse (Grandula (=Drüse) thyreoidea) liegt an der Luftröhre unterhalb des Kehlkopfes im mittleren bis unteren Drittel des vorderen Halsabschnitts. Sie umgreift die Luftröhre mit einem rechten und einem linken Lappen (**Lobus dexter** und **Lobus sinister**), die in der Mitte durch eine Gewebebrücke (Isthmus) miteinander verbunden sind. Auf den Schilddrüsenlappen liegen vier (oder mehr) linsengroße „Knötchen", die Nebenschilddrüsen. Sie sind ebenfalls Hormondrüsen. Die Schilddrüse hat die Form eines Schmetterlings und ist weder zu sehen noch zu tasten (bei intakter Schilddrüse).[1]

2.2 Histologie

Eine Besonderheit des Schilddrüsengewebes ist, dass es aus Schilddrüsenfollikel (lateinisch `folliculus` Bläschen) besteht. Die Bläschen bzw. Follikel werden durch die Schilddrüsenhormone T3, T4 (s. Seite 5) und Follikelepithelzellen oder auch Thyreozyten genannt, gebildet. Die einschichtig angeordneten Zellen (Epithel (=mehrlagige Zellschichten) umschließen den Innenraum (das Lumen (=lichte Weite)) der Follikel. Die Form der Follikel ist oval und der Durchmesser liegt zwischen 50 und 200 µm. Desweitern gibt es innerhalb des Follikellumens das Protein Thyreoglobulin.[2]

[Das] „Thyreoglobulin besteht aus langen Ketten mit Thyroxin- und Trijodthyronin [wichtige Schilddrüsenhormone] Resten, aus denen […] Schildrüsenhormone abgespalten und freigesetzt werden".[3]

Die Thyreozyten (Follikelepithel) umhüllen das Kolloid. In dem Kolloid befindet sich der Speicherstoff für die Schilddrüsenhormone, das Thyreoglobulin.[4] Der Funktionszustand der Gewebe bestimmt die Menge des Kolloids und die Form der Follikel. Eine hohe Anzahl von Kolloiden und ein flaches Epithel zeigen ein inaktives Stadium der Zelle an. [5]

---

[1] Vgl. Mödder 2003, Seite 10, Grassl 2014, Seite 8

[2] Vgl. http://de.wikipedia.org/wiki/Schilddr%C3%BCse#Histologie

[3] Zitat: http://flexikon.doccheck.com/de/Thyreoglobulin

[4] Vgl. Mödder 2003, Seite 12

[5] Vgl.http://de.wikipedia.org/wiki/Schilddr%C3%BCse#Histologie

3. Hormone

Die Botenstoffe, sogenannte Hormone, übermitteln Signale im Körper. Sie transportieren wichtige Informationen von einem Organ oder einem Gewebe zum anderen. Unter anderem werden durch das Nervensystem Befehle in Form von Nervenimpulse vermittelt.

Durch die hormonaktiven Drüsen wie z.B. die Schild- oder Bauchspeicheldrüse erfolgt die Hormonausschüttung in die Blutbahn. Nach der Verteilung der Hormone in die Blutbahn, steuern die Botenstoffe den Kreislauf, den Stoffwechsel, die Atmung, die Ernährung, die Körpertemperatur sowie unseren Salz- und Wasserhaushalt.

So können außerdem Zellen, die sich extern der hormonaktiven Drüsen befinden, Hormone bilden und diese an das umgebende Gewebe abgeben.[6]

Das gesamte Hormonsystem wird von der Steuerzentrale, dem Gehirn, reguliert. Die Interdependenz zwischen den Hormonen sorgt für eine koordinierte Intakthaltung des Körpers. [7]

3.1 Bildung der Schilddrüsenhormone

Die Hauptaufgabe der Schilddrüse ist die Bildung der Schilddrüsenhormone, Trijodthyronin (T3) Tetrajodthyronin (T4/Thyroxin) und Calcitonin. Das Gehirn, genauer die Hypophyse, ist die Steuerungszentrale, die die Freisetzung der Hormone reguliert.[8] Durch die Bildung der Freisetzungshormone, Thyreotropin-Releasing-Hormon (TRH/Peptidhormone), im Hypothalamus (Teil des Zwischenhirns) wird die Botschaft zur Anregung der Schilddrüse für die Hormonbildung weitergeleitet. Dies geschieht durch das Hormon TSH (TSH/stimulierendes Hormon).

Nach Erhalt der Hormonbotschaft und mit ausreichend Jod erfolgt die Bildung der Schilddrüsenhormone.[9] Die Jodidaufnahme im Blut ist eine wichtige Voraussetzung für die Schilddrüsenhormonsynthese in den Follikelepithelzellen. Das Jod wird über den Darm aus der Nahrung aufgenommen und gelangt durch den Transportweg, die Resorption („Aufnahmen von flüssigen oder gelöster

---

[6]Vgl. Brakebush / Heufelder 2007, Seite 80
[7]Zitat: http://www.internisten-im-netz.de/de_hormone-stoffwechsel_176.html
[8]Vgl. Hehrmann 1998, Seite 24,25 & Brakebush/Heufelder 2007, Seite 82
[9]Vgl. Ebenda

Stoffe in das Zellinnere")[10], ins Blut und somit in die Schilddrüse, wo es von den Thyreozyten aufgenommen wird.

Der Eiweißstoff, der sich in dem Follikelinneren (abgewandte Membran) der Schilddrüsenzelle befindet, katalysiert den aktiven Transport von Jodid in die Zelle. Das entstandene Protein bezeichnet man als Natriumjodidsymporter. [11]

Der TSH („fördert die Jodaufnahme in die SD, regt die Hormonsynthese in der Schilddrüse an und sorgt für die Abgabe von T3 und T4 ins Blut")[12] und das Jodangebot sind ausschlaggebend für die Aktivität des Transportsystems. Schließlich muss nur noch das Jod in die bereits „fertigmontierten" Rohteile eingebaut werden. Durch verschiedene Zusammenstellung der Jodatome in die bereitstehende Aminosäure Tyrosin entstehen zwei Zwischenprodukte. Wenn nur ein Jodatom in die Aminosäure eingebaut wird, bezeichnet man das Produkt Monojodtyrosin, wenn aber zwei Jodatome eingebaut werden, so entsteht das Produkt Dijodtyrosin. Letzten Endes erfolgt ein letzter Syntheseschritt, die zu den fertigen Produkten, Hormone T3 und T4, führt. Bei der Kopplung von einem Molekül des Monojodtyrosins und dem Molekül Dijodtyrosin bildet sich das Trijodthyronin (T3). Koppeln sich nun aber zwei Moleküle Dijodtyrosin, so bildet sich das Hormon Tetrajodthyronin (T4; auch Thyroxin) aus. Die produzierten Schilddrüsenhormone T3 und T4 werden im Thyreoglobulin gespeichert. [13]

„Wird im Blut mehr Schilddrüsenhormon benötigt, nehmen die Schilddrüsenzellen (Thyreozyten) etwas Thyreoglobulin aus dem Kolloid auf, befreien T3 und T4 aus der Speicherform und geben die freien Hormone ins Blut ab, wo sie allerdings sofort wieder gebunden werden."

Das Verhältnis der Ausschüttung von T3 und T4 ins Blut beträgt 1:10[14], so ist das „T3 um ein Vielfaches wirksamer als T4 und daher in deutlich niedrigerer Konzentration Im Blut vorhanden." [15]

---

[10]Zitat: TheFreeDictionary.com Großwörterbuch Deutsch als Fremdsprache 2009 Farlex
[11]Vgl. Mödder 2003, Seite 13,14,15 & Brakebusch/Heulfelder 2007, Seite 80 & Fischer 1998 Seite 21

[12]Zitat: Mödder 2003, Seite 18
[13]Vgl. Mödder 2003, Seite 13,14,15 & Brakebusch/Heulfelder 2007, Seite 80 & Fischer 1998 Seite 21
    → 3.1 Hormonbildung
[14]Vgl. Brakebusch/Heulfelder 2007, Seite 80
[15]Zitat Mödder 2003, Seite 15

Eine weitere wichtige Aufgabe der Schilddrüse ist die Bildung der Parathormone (Parathyrin) durch die Nebenschilddrüsen. Das Parathormon besteht aus 84 Aminosäuren und ist ein lineares Polypeptidhormon. Das Peptidhormon wird in den hormonproduzierenden Hauptzellen der Epithelkörperchen synthetisiert und da es intern nicht verarbeitet werden kann, wird es ins Blut abgegeben.[16] So bildet sich an ein membrangebundenes Ribosom PräPro Hormon aus 115 Aminosäuren. Die Ribosomen sind RNA-reiche Partikel. Diese Eigenschaft setzt die Proteinbiosynthese in Gang.

Daraufhin erfolgt die Übersetzung der m-RNA in die Aminosäuresequenz, das anschließend abgespalten wird. Daraus bildet sich das Pro-Parathormon aus 90 Aminosäuren, schließlich modifiziert der Golgi-Apparat das Protein zu einem Parathormon. [17]

3.2 Wirkung der Schilddrüsenhormone

Die Schilddrüsenhormone beeinflussen alle Vorgänge die im Körper bzw. in den Körperzellen ablaufen. Die wichtigste Aufgabe bzw. Wirkung ist die Energiegewinnung (Steuerung des ATP Verbrauchs) und Umwandlung der Energie, die aus der Nahrung gewonnen wird. Hierbei benötigt der Körper Sauerstoff und produziert Wärme. Demzufolge ist bei Menschen, die an einer Schilddrüsenunterfunktion leiden, die Kälteempfindlichkeit sehr hoch und eine Überfunktion führt zu einem übermäßigem Schwitzen.[18]

Das Hormon T3 hat eine dominantere Wirkung auf die Körperzellen als das T4 Hormon. Die Schilddrüsenhormone regulieren die Wachstumsentwicklung bei Kindern. Sie spielen eine große Rolle bei Eiweiß-, Fett- und Kohlenhydrat, sowie Muskel – und Knochenstoffwechselvorgängen (Hormon Calcitonin steuert den Knochenaufbau-/abbau). Einen großen Einfluss haben die Schilddrüsenhormone auf das Zentralnervensystem, die auch die körperliche, geistige Leistungsfähigkeit und die Psyche sehr stark beeinflussen. Weiterhin regulieren sie z.B. die Keimdrüsen, den Mineralhaushalt und Kalziumhaushalt. Die Parathormone regulieren im Zusammenspiel mit Vitamin D und dem Schilddrüsenhormon Calcitonin den Kalziumspiegel. [19]

---

[16]Vgl. http://symptomat.de/Parathormon_%28Parathyrin%29 2005
[17]Ebenda
[18]Vgl. Mödder 2003, Seite 16
[19]Ebenda

4. Schilddrüsenüberfunktion (Hyperthyreose)

Die Schilddrüsenüberfunktion ist eine Erkrankung der Schilddrüse. Diese Krankheit tritt bei Frauen häufiger auf und ist die zweithäufigste Erkrankung der Schilddrüse. Hierbei handelt es sich um eine erhöhte Schilddrüsenhormonwirkung, wobei die Hormone T3 und T4 über das erforderliche Maß hinaus gebildet und in den Körper ausgeschüttet werden. Dies beeinträchtigt die Stoffwechselvorgänge im Körper und führt zu einer krankhaften Steigerung der Krankheit. Die Hyperthyreose ist kein einheitliches und gleichförmiges Krankheitsbild, sondern sie stellt eine vielgestaltige Erkrankung dar. Es gibt zwei Formen der Hyperthyreose: die immunogene Hyperthyreose (Typ Morbus Basedow) und die nicht immunogene Hyperthyreose (Hyperthyreose bei Schilddrüsenautonomie).[20]

Bei der *autonomen* Schilddrüsenfunktion handelt es sich um die ungesteuerte Produktion der Schilddrüsenhormone. Sie tritt seltener in Gebieten mit ausreichender Jodversorgung vor. Da die Autonomie eine Fehlanpassung an den Jodmangel ist, tritt die Schilddrüsenautonomie in Gebieten mit Jodmangel häufiger auf. Man unterscheidet drei Formen der Schilddrüsenautonomie. Die erste Form, *unifokale* Autonomie (autonomes Adenom), ist ein autonomer Knoten. Bei *multifokalen* Autonomien, das die zweite Form darstellt, befinden sich mehrere autonome Areale in der Schilddrüse.[21]

Die *disseminierte* Autonomie ist eine feine Verteilung der autonomen Gewebe in der Schilddrüse. Demnach ist die Schilddrüse in der autonomen Hyperthyreose ungleichmäßig und knotig verändert. Durch einzelne Knoten bildet die Schilddrüse selbstständige Hormone (unabhängig vom Regelkreis → Schilddrüsenstimulierenden Hormone (TSH) der Hirnanhangsdrüse (Hypophyse). Der Jodmangel verursacht häufig Knoten und eine Vergrößerung der Schilddrüse. Wenn der Körper an Jodmangel leidet, produziert er auch keine Hormone und versucht diese durch ein verstärktes Wachstum auszugleichen. Somit entstehen Knoten, die dazu führen, dass die Hormone ohne die Kontrolle des Gehirns produziert werden. Wenn nun aber die Knoten größer werden und groß genug

---

[20]Vgl. Hehrmann 1998, Seite 108 & Mödder 2003, Seite 104, 105
[21]Vgl. Mödder 2003, Seite 106, 107

sind, führt es bei erneuter Jodzufuhr zu einer ungebremsten Produktion der Hormone. [22]

Die *immunogene* Hyperthyreose (Typ Morbus Basedow), ist eine Autoimmunreaktion des Körpers. Eine Autoimmunreaktion des Körpers bedeutet, dass körpereigenes Gewebe bekämpft wird. Gegen die Teile der Schilddrüse bildet das Immunsystem Abwehrstoffe (Antikörper), die die Hormonproduktion anregen. Die steigende Hormonkonzentration führt zu einer Vergrößerung der Schilddrüse. Meistens ist der Morbus Basedow genetisch bedingt, wobei die übermäßige Jodzufuhr auch zum Krankheitsausbruch führen kann. [23]

Man unterscheidet die Schilddrüsenüberfunktion nach ihrem Schweregrad. Die *latene* Schilddrüsenüberfunktion liegt bei normaler Konzentration der Hormone (T3,T4) und gleichzeitig bei erniedrigter TSH Spiegel vor. Die *manifeste* Form liegt bei einem dauerhaften Zustand der Hyperthyreose vor. Das geht mit hohen T3 und T4 Werten und mit einem erniedrigten TSH-Spiegel einher. Wenn die *thyreotoxische Krise* vorliegt, ist sie lebensbedrohlich. (Ursache durch Einnahme von Jod bei Schilddrüsenautonomieerkrankung) [24]

4.1 Anzeichen und Symptome

Die am häufigsten auftretenden Symptome unter den psychischen Anzeichen sind Aggressivität, Stimmungsschwankungen, Nervosität und Schlafstörungen. Weiterhin gehören Knochenveränderungen (Osteoporose $\rightarrow$ Abnahme von Knochendichte), Gewichtsverluste, brüchige Fingernägel, Haarausfall etc. zu den meistbekannten Symptomen.[25]
Die Schilddrüsenüberfunktion beeinträchtigt die Herz-Kreislauf-Funktion und macht sich im Energiestoffwechsel bemerkbar, sodass der Energieverbrauch erheblich steigt. Im Falle der Morbus Basedow leiden die meisten Patienten unter Augenbeschwerden, unter der sogenannten endokrinen Orbitopathie. Bei älteren Menschen sind die Symptome meistens nicht genau bemerkbar bzw. ausgeprägt. [26]

---

[22]Vgl. http://www.netdoktor.de/krankheiten/schilddruesenueberfunktion/
[23]Vgl. Ebenda
[24]Vgl. Ebenda
[25]Vgl. http://www.internisten-im-netz.de/de_schilddruesenueberfunktion-anzeichen-symptome_45.html
[26]Vgl. Hehrmann 1998, Seite 111-118

<u>4.2 Diagnose</u>

Vorerst richtet sich der Arzt gezielt auf die bestehenden Beschwerden und setzt jodhaltige Medikamente ein, die der Patient einnimmt. Wenn der Verdacht auf Hyperthyreose besteht, führt der Arzt eine Blutuntersuchung durch. So bestimmt man den Konzentrationswert der T3, T4 und TSH Hormone. Die Hyperthyreose liegt vor, wenn die Werte der T3 und T4 Werte hoch und der TSH Wert erniedrigt ist. Um nachzuweisen, ob der Morbus Basedow der Auslöser ist, lassen sich spezielle Antikörper (TSH-Rezeptorautoantikörper) im Blut nachweisen. [27]

Bei Verdacht auf Schilddrüsenautonomie spritzt der Arzt eine Substanz, die sich an die hormonproduzierenden Bereiche anreichert. Durch Kameraaufnahmen und farbliche Hervorhebungen werden die Bereiche markiert. Diese Methode nennt man Schilddrüsenszintigrafie. Anschließend kann der Arzt durch eine Ultraschalluntersuchung (Sonografie) die Größe bzw. die Vergrößerung u.a. die Knoten die sich in der Schilddrüse befinden, untersuchen. [28]

5. Schilddrüsenunterfunktion (Hypothyreose)

Bei einer Hypothyreose kommt es zu einem Mangel oder Fehlen der Schilddrüsenhormone in den Zielorganen. Die Schilddrüse ist nicht in der Lage die Hormone zu produzieren. Meistens ist die Unterfunktion der Schilddrüse auf andere Krankheitsprozesse, Schilddrüsenentzündungen, Operationen etc. zurückzuführen. [29] Durch die Unterversorgung der Körperzellen führt sie zu einer Verlangsamung der Stoffwechselvorgänge.

Man unterscheidet die Hypothyreose nach dem Grad ihrer Schädigung. Bei der Primären (thyreogene) Hypothyreose liegt der Defekt in der Schilddrüse selbst. Dieser kann erworben oder angeboren sein. Der Defekt der Sekundären (hypophysäre) Hypothyreose entsteht, wenn in der Hypophyse die Produktion der TSH abbricht. Ein im Hypothalamus gelegener Defekt führt zu einem TRH-Mangel, welche als Tertiäre (hypothalamische) Hypothyreose bezeichnet wird.

---

[27]Vgl.http://www.netdoktor.de/krankheiten/schilddruesenueberfunktion/
[28]Vgl. Ebenda
[29]Vgl. Hehrmann 1998, Seite 128

Am häufigsten tritt die Primäre Hypothyreose auf.[30] Die *angeborene* Hypothyreose entsteht meistens durch Entwicklungsstörungen der Schilddrüse. Dazu gehören zum Beispiel das Fehlen der Schilddrüsenanlage oder eine zu klein entwickelte Schilddrüse an einem falschen Ort. Weiterhin können auch trotz einer normalen Schilddrüse, die Schilddrüsenhormone nicht gebildet werden. Auch ein Jodmangel, der in der Schwangerschaft bei der Mutter auftritt, kann eine angeborene Form der Hypothyreose sein. Die angeborene Schilddrüsenunterfunktion ist während der Entwicklung des Kindes im Mutterleib schon vorhanden.[31]

Das Frühzeitige Erkennen dieser Krankheit nach der Geburt ist sehr wichtig, weil eine unbehandelte Hypothyreose das Kind im späteren Leben sehr stark beeinträchtigt und zu Entwicklungsstörungen wie beispielsweise geistiges Zurückbleiben, Idiotie, Taubheit etc. führen kann. Deshalb wird schon am fünften Tag nach der Geburt der TSH bestimmt, da bei einer Hypothyreoseerkrankung der TSH-Spiegel stark erhöht ist. Die Untersuchung erfolgt durch eine Blutentnahme aus der Ferse. Wenn man bei einem Kind die Diagnose auf diese Krankheit steht, so erfolgt unverzüglich eine Behandlung. Diese Erkrankung erfordert lebenslängliche Behandlung mit Schilddrüsenhormonen. [32]

Dagegen tritt die *erworbene* Hypothyreose bei älteren Menschen zwischen fünfzig und sechzig Jahren auf. Die Ursache einer solchen Krankheit ist meistens eine chronische Schilddrüsenentzündung (Hashimoto-Thyreoiditis), wobei dieses Krankheitsbild ebenfalls auch durch eine Sturma-Operation einer Radiojodtherapie (insbesondere bei immunogener Form -Basedowsche Erkrankung) oder auch durch bestimmte Medikamente einer thyreostatischer Behandlung (Schilddrüse bremsende Medikamente) auftreten kann.
Die Konsequenzen der aufgeführten Modifikationen der Schilddrüse, lassen sich durch die mangelnde Produktion der Schilddrüsenhormone und damit am Mangel der Hormone an den Körperorganen erklären. Doch das eigentliche Krankheitsbild schließt sich aus den Symptomen der Organsysteme zusammen

---

[30]Vgl. Mödder 2003, Seite 128
[31]Vgl. Hehrmann 1998, Seite 128, 129 & Mödder 2003, Seite 128,129
[32]Vgl. Mödder 2003, Seite 129

und daher ist das Krankheitsbild unabhängig der zugrunde liegenden Veränderung abzuleiten. [33]

5.1 Anzeichen und Symptome

In den meisten Fällen leiden die Patienten unter körperlichem und geistigem Leistungsabfall. Müdigkeit, Verlangsamung, depressive Verstimmung sind die häufigsten Anzeichen. Diese machen sich auch im Gesichtsausdruck bemerkbar. Steigerung der Kälteempfindlichkeit, trockene und brüchige Haare gehören genauso zu den Beschwerden der einzelnen Patienten. Zudem ist die Gewichtszunahme trotz Appetitlosigkeit ein typisches Anzeichen. Daraus lässt sich schließen, dass die Stoffwechselvorgänge deutlich verlangsamen. [34]

5.2 Diagnose

Wie bei der Schilddrüsenüberfunktion wird dem Patienten vorerst Blut entnommen, sodass der TSH-Spiegel untersucht wird. Wenn ein erhöhter TSH-Spiegel vorliegt, so ist der Krankheitsbefall vorhanden. Bei einer Hypothyreose ist der T3 Wert unterhalb oder gerade noch im Normbereich. Der T4 Wert ist meistens erniedrigt. Bei einer Sonografie Untersuchung ist eine verkleinerte Schilddrüse festzustellen. Außerdem kann man durch eine Szintigrafie, die Funktionstüchtigkeit der Schilddrüse untersuchen. So wird dem Patienten eine radioaktiv markierte Substanz in die Vene gespritzt. Wenn die Schilddrüse diese Substanz in geringen Maßen oder gar nicht aufnimmt so lässt sich die Diagnose einer Unterfunktion einschließlich der Ursache eindeutig stellen. [35]

---

[33]Vgl. Mödder 2003, Seite 130 & Hehrmann 1998, Seite 129, 130
[34]Vgl. Mödder 2003, Seite 131 & Hehrmann 1998, Seite 131,133,134
[35]Vgl. Hehrmann 1998, Seite 138 & www.apotheken-umschau.de Diagnose Schilddrüsenunterfunktion

6. Schluss

Durch das Gesamtbild der heraus gestellten Ergebnisse über die Schilddrüsen- über- und Unterfunktionerkrankung lässt sich das Fazit ziehen, dass dieses Krankheitsbild einen sehr großen Einfluss auf das alltägliche Leben hat. Die Schilddrüse ist ein äußerst komplexes und sensibles Organ. Insbesondere sind die systemische Einbindung und ihre Wechselwirkung von großer Bedeutung. Sie ist lebenswichtig und stellt ein ganz entscheidendes Steuerungsorgan im Körper dar. Deshalb kann sowohl die Unter- als auch die Überfunktion zu sehr vielfältigen körperlichen wie auch psychischen Beschwerden führen.

Die Schilddrüsenüberfunktion ist eine ungesteuerte Hormonproduktion. Demnach ist sie kein einheitliches und gleichförmiges Krankheitsbild, sondern sie beinhaltet eine vielgestaltige Erkrankung. Ihr Schweregrad sagt außerdem aus, dass diese Erkrankung nicht einfach so hingenommen werden kann, denn sie kann sogar zu lebensbedrohlichen Situationen führen. Bei einer Schilddrüsenunterfunktion ist die Schilddrüse nicht in der Lage Hormone zu produzieren. So wird deutlich, dass sobald nicht genügend Hormone ausgeschüttet bzw. produziert werden, der Körper ausscheidet.

Wenn eine regelmäßige und richtige Behandlung erfolgt, kann das natürliche Gleichgewicht des Hormonsystems wieder aufgebaut bzw. hergestellt werden. Egal ob eine medikamentöse Behandlung, Operationen oder andere Therapieformen eingesetzt werden, sobald die Krankheit frühzeitig diagnostiziert und bekämpft wird, stehen gute Aussichtschancen für eine vollständige Heilung.

7. Literaturverzeichnis

<u>Onlinequellen</u>

www.apotheken-umschau.de Diagnose Schilddrüsenunterfunktion
(24.02.2015)

www.thefreedictionary.com Großwörterbuch Deutsch als Fremdsprache 2009
Farlex (17.01.2015)

http://www.netdoktor.de/krankheiten/schilddruesenueberfunktion/ (18.02.2015)

http://www.internisten-im-netz.de/de_schilddruesenueberfunktion-anzeichen-
symptome_45.html (18.02.2015)

http://www.internisten-im-netz.de/de_hormone-stoffwechsel_176.html
(15.01.2015)

http://symptomat.de/Parathormon_%28Parathyrin%29 Stand 2005 (13.01.2015)

http://flexikon.doccheck.com/de/Thyreoglobulin (20.12.2014)

http://de.wikipedia.org/wiki/Schilddr%C3%BCse#Histologie (18.12.2014)

Lizenzfreie - Bilder :
http://de.123rf.com/photo_11022439_schilddr-se-und-kehlkopf.html (01.03.2015)
http://de.fotolia.com/id/58041952 (20.12.2014)

Bücher:
Brakebusch, Leveke ; Heufelder, Armin : Leben mit Hashimoto-
Thyreoiditis.München 2014[3].

Grassl, Johann : Ernährung bei Erkrankungen der Schilddrüse. Wien 2014.

Hehrmann, Rainer : Schilddrüsenerkrankungen
[Ursachen, Erkennung, Verhütung und Behandlung] .Stuttgart 1998[3].

Mödder, Gynter : Ratgeber Schilddrüse. Berlin 2003[3].